我的好麻吉，讓我守護你！

昆凌Hannah——著

CONTENTS

推薦序

昆凌姊姊・鄭凱開——

狗狗是人類最忠實的朋友。

記得在一篇文章看過一段話，「狗狗是我們的一部份，但我們卻是狗狗的全部」。

這讓我想起，小時候養了隻狼狗，他很乖，出去散步、運動，都不用牽繩子，我跑快他跟著快，我走慢他跟著慢。有一天，我發現他有點跟不上我的速度，但還是努力的跟在我旁邊，在昏暗的路燈下，我看到我們繞著走的路上有著一個一個狗腳印，走近一看，是紅色的！第一個反應，馬上扳起他的腳來看，果然，他的右前腳插著一小塊玻璃……我嚇到了，趕快將玻璃拔出來，帶他回家消毒搽藥包紮。

每次回想起他不顧自己有多痛，還是要跟著我、保護我，都會不禁的鼻酸……。謝謝你，IPIS！謝謝你用你的一生陪伴我部份的歲月，但我會用我的一生記住你的，就像現在 Hannah 用寫真方式記錄麻吉的一切，很真實、很溫暖，希望可以和大家一起分享這份甜蜜。

導演・珍妮花──

「小小隻，好可愛，剛開始認識很害羞，但熟了之後發現其實很
有自己的想法和獨特的個性。」這是我對麻吉的印象，不過其實
套在他主人身上也是可以的。同樣都是可愛動物癡的我和媽咪（自
從 Hannah 當媽咪後我都這樣叫她），也是因為聊狗經而開始熟絡，看
她跟狗狗們的相處就知道她已經完全可以當個娘親了！麻吉遇上媽咪後，當了幸福
的小男生，希望藉由媽咪的力量能為更多不能得到幸福的動物們發聲，讓他們重新
得到幸福和愛；當然也希望藉由這本書能讓大家更了解這兩位小小隻的、有個性的
男孩跟女孩。

巨星御用化妝師・杜國璋──

認識「昆凌」不是因為某人，而是因為某事──我們都相當愛狗。
最初認識「麻吉」跟「昆凌」，直覺是上帝的組合。主人清秀中有
時尚，麻吉純真中帶點任性，彼此相得益彰。每每因為工作造訪，悍
衛式的迎門，嬌小玲瓏的身形，盡是散發了無數撫慰人心的元素，馬上入
懷。以前狗依賴人，為了生存；現代人依賴狗，為了生活。如果生活裡有美學，每
天除了抵抗「忙」以外，最需要的莫過於有「牠」的陪伴。朋友可能因為過於熟識
而失去尊重，也可能因為現實而失去純粹，但「牠」只選擇無怨無悔的陪你經歷所
有。讓我們擁有一起承受喜、怒、哀、樂的「好麻吉」吧。

方文山——

麻吉，療癒系的毛孩子！

「麻吉」一詞，源自於英文 Match 音譯而來，其 Match 原意為匹配之意，現則專指默契十足，很合得來的朋友叫「麻吉」。所以我不得不説，為狗狗取名為「麻吉」真可説是神來之筆，這名字取得既傳神又貼切，因為狗狗本就是人類最合的來，且永不離棄的好朋友！本書的主角麻吉，是一隻現年三歲又七個多月的小型博美犬，甚得周媽與昆凌的歡心，可謂集三千寵愛於一身。每當周媽有事需來唱片公司一趟，十之八九總會順帶牠來四處轉轉、見見世面，其乖巧的個性，與萌翻了的模樣，非常的療癒系；每每總引起同事們爭相搶著往懷裡抱，也因此，麻吉可説是一隻非常療癒系的毛孩子。

毛孩子是近年來所興起對貓狗等寵物的稱呼，因為愛貓愛狗的主人都會把牠們當做是親密家人，如同小孩般寵愛，所以，也就慢慢地將牠們暱稱為毛孩子（長著毛的孩子）。這些貓貓、狗狗除毛孩子的暱稱外，甚至還有喵星人、汪星人的比喻，也就是説除了把牠們當自家孩子寵愛外，也把牠們當人看待，只是語言及想法不同，猶如外星人般難以理解。雖然這些毛孩子常常無意間惹出不少事端，但卻無人苛責與打罵，因為誰都知道牠們闖的那些禍，都是無心之過，不止無人譴責，反而還因牠們可愛到爆表的萌表情與動作，增添了我們的生活情趣。

毛孩子自古以來即為我們人類的忠實伙伴，牠們除提供了我們生活上的陪伴，豐富我們的精神生活外，同時也因牠們自然流露的真性情，而讓我們獲得心靈上的慰藉。這些陪伴在我們生活周遭，等同於家人的毛孩子，並非都很幸運的擁有愛牠們、

善待牠們的主人，有更多的毛孩子流落在外陷入困境，需要我們即時給予關心與協助。也因此，希望藉由本書的出版，能讓我們更加了解這些弱勢毛孩子所處的險境，與所衍生出的種種社會問題，如流浪狗棄養，與一些不人道的繁殖等，讓我們尊重生命，愛護動物，領養代替購買，結紮代替撲殺，就從善待這些弱勢的毛孩子做起。

⋮

方志友——

早在 Hathaway 跟 Mia 出生之前，我們都已是寶貝狗兒子的媽了，我們剛認識不久，狗兒子的話題在我們的對話中就佔了不少，從談論他們的個性到幫他們做造型、帶他們一起喝下午茶……除了是我們的寶貝以外他們更是我們的好麻吉。麻吉是迷你可愛的松鼠博美，而我的貴賓算是標準身材中的小巨人，兩個寶貝現在更都是陪伴寶寶的可愛褓母，我常常想，感謝他們陪我們體會人生，他用他的一輩子，絕對值得我們疼愛，以後我們也會教導孩子好好珍惜這份絕對真誠的愛，很開心 Hannah 要把這太值得的一切分享給大家，因為麻吉真的太可愛啦～讀者們有福囉！

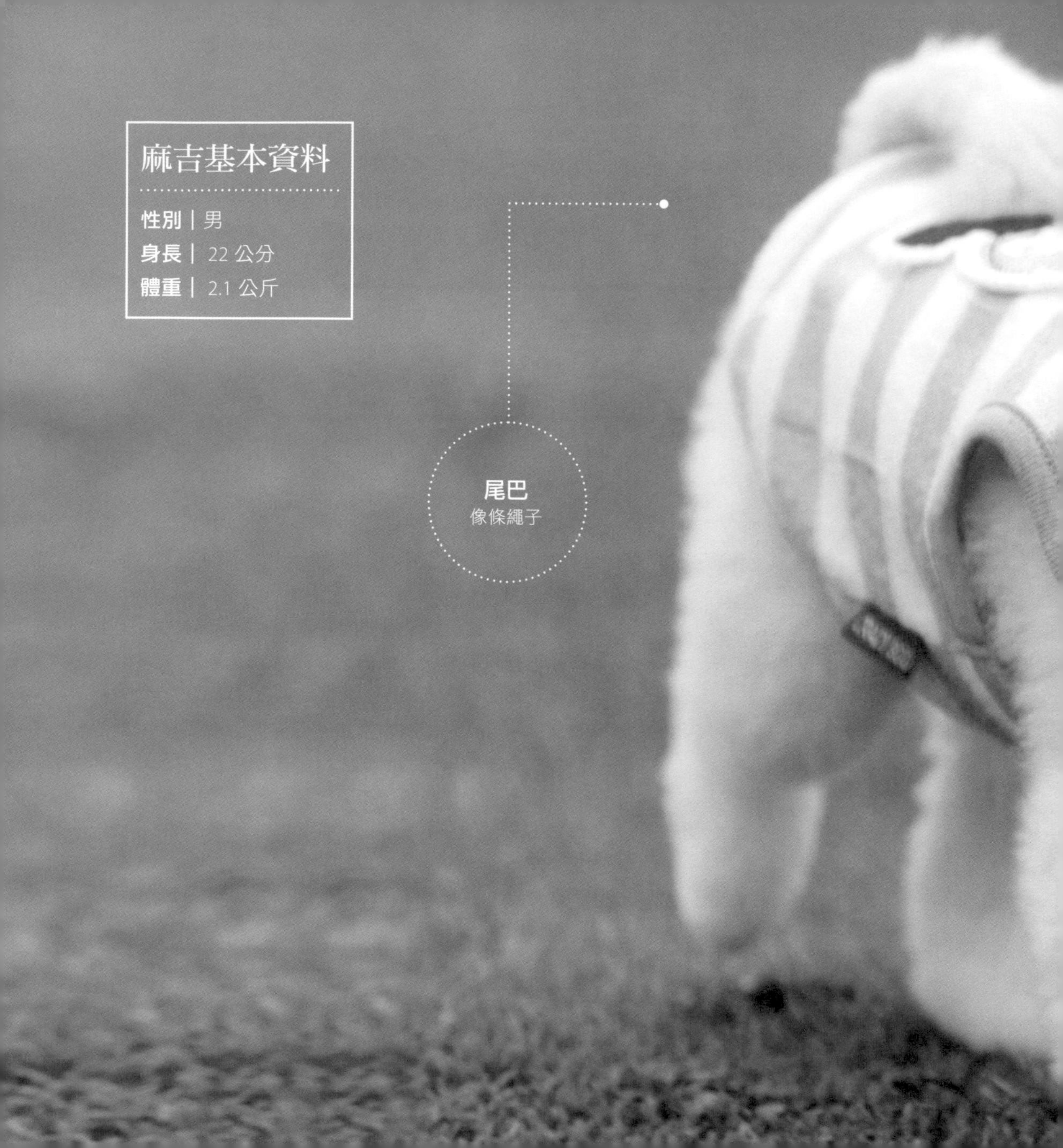

麻吉基本資料

性別 ｜ 男
身長 ｜ 22 公分
體重 ｜ 2.1 公斤

尾巴
像條繩子

右邊耳朵
有黑黑的毛

鼻頭
有小小斑點

大家好，我是麻吉。

我的把拔、馬麻在人類的世界好像很有名，
但對我來說他們就只是我的把拔、馬麻而已，
我真的很喜歡他們。

我每天都很開心，
但我知道有些狗狗沒有和我一樣這麼幸運……

馬麻跟我說，她要把我介紹給大家認識，
而且還要交給我一個重要的任務，
不曉得是什麼樣的任務呢？

喔對了，忘了跟大家介紹，
這位就是我的馬麻，她叫昆凌！
接下來就由她來和大家介紹關於我們的生活小點滴……

PART

1

和麻吉的每一天

喀擦！喀擦！
生活寫真

麻吉是天生的衣架子，嬌小玲瓏的身軀、美麗的黑色右耳與
圓滾的大眼，每次總會讓我們忍不住想為他穿上各種不同的
服裝。也許是因為我們在麻吉小的時候，就常讓他穿上各式
各樣的衣服，現在如果沒穿衣服，他反而還會感到彆扭呢！

麻吉的
日常穿搭

STYLE 1

可能有些人會想「為什麼要幫狗狗穿衣服」、「這樣他不舒服吧」，而我也常常覺得沒穿衣服的他其實也相當可愛，但可愛的麻吉好像一直覺得自己是人，穿上衣服後似乎顯得更自在。

由於麻吉是松鼠博美的關係，身型與毛都相當的玲瓏細緻，某次在挑選麻吉衣服時，剛好看到了這個黑白的蝴蝶領結，大概因為右耳有黑毛吧，只要麻吉身上有黑色元素，就會看起來很搭，果不其然，這個領結讓麻吉看起來像個紳士一樣，帥呆了！

謝謝馬麻的用心，
她對服裝造型的獨到見解，
讓我成為了有型的麻吉，
天天都能展現自信的一面。

STYLE 2

狗狗的衣服材質不外乎純棉、純毛這類，在冬天時保暖度相當好，不過有時候到了戶外或者天氣較溫暖的時候，其實會擔心過厚的質料是不是會讓麻吉感到不舒服！因此我另外準備了幾件使用透氣網眼布料的衣服，這樣好動的麻吉即使在比較炎熱的天氣裡也不用怕悶熱了。

不同造型可能是因為出席不同的場合、也可能代表不同的天氣或心情，
但一樣的是馬麻對我的愛，每天每天。

這是我相當喜愛的一套衣服，是夏威夷風的帽子、襯衫及領結，有發現嗎？帽子與領結有一圈繽紛的花，襯衫上則是寫著 ALOALO，有種麻吉下一刻隨時都會開始跳草裙舞的感覺！是套非常適合夏天的套裝。

馬麻自己去夏威夷，沒有帶我去，所以特地幫我帶回一套「夏威夷男孩」風格的衣服，讓我可以幻想自己也去過！

STYLE 4

有時候我會幫他準備幾套比較休閒款的衣服，這套就是深灰色的棉上衣，搭配上紅色領圈與
黃色小鴨鈴鐺，既休閒又有特色。而且每次送麻吉去洗澡回來，身上都會多個福袋！

STYLE 5

可愛的麻吉平常如果不是跟布偶玩的話，就是在家四處走來走去，像在逛大街一樣！有一天發現麻吉竟然在沙發上伸展與拉筋，每個動作都超到位，害我忍不住想說麻吉是不是偷偷自己在練瑜珈？

馬麻的婚禮我也是穿這套出席的喔！

STYLE 6

這套西裝我超愛的，也許因為麻吉右耳有一搓黑色的毛的緣故，所以穿上黑色的衣服特別好看，而且白色襯衫與黑色西裝外套的設計相當細緻，加上為了要讓麻吉穿起來舒服，所以材質是很軟的布料，神奇的是穿起來卻很挺，可見得我們家麻吉身材不錯喔！

這套居家服偶爾會有小蜜蜂的錯覺，不過應該沒有臉這麼臭的小蜜蜂就是了（笑），黃色條紋跟黃色小鴨鈴鐺好搭，可是好動的麻吉已經把黃色小鴨鈴鐺額頭的皮磨掉了……麻吉，你說說看這該如何是好？

STYLE 8

不知道為什麼，麻吉穿上這件湛藍上衣後，一動也不動的冷眼旁觀時，特別像隻假的布偶！
麻吉啊！偶爾也笑一個嘛（是馬麻要求太多了嗎？）

這是一個變種蜜蜂的概念（笑），在麻吉衣服的挑選上，我會希望可以是低調中又具有特色，像這件素面條紋搭配金屬鑽的衣服就非常適合相當有個性的麻吉。

STYLE 10

雖然習慣了低調打扮的麻吉，但我有時也會安排幾件比較活潑的衣服給他穿，像是這件結合了街頭嬉哈風元素，率性大 LOGO 與圖騰的上衣……偶爾換些叛逆風格感覺起來也挺有趣的。

麻吉
睡覺的地方

睡眠品質很重要,扣除吃飯、玩耍的時間,其實麻吉很常是躺在自己的小窩裡休息的!也因此我們為麻吉準備了相當多種類的床,讓麻吉可以挑選自己覺得最喜歡、最舒適的地方好好休息。右邊照片這張床內層是柔軟的棉花,豹紋設計也很美觀,不過麻吉的睡眠怪癖就是非得要鋪上毛巾或棉被,而且還要再抓個幾下,所以另外幫他準備了粉紅色小毛毯,果然睡得香甜極了。

玩偶界的
小霸主

麻吉在我眼裡，真的就像個從天而降的小天使，很嬌小很可愛，偶爾看到麻吉安靜的休息時，會有一種他是隻玩偶的錯覺，因此我們很喜歡把麻吉跟許多布娃娃們放在一塊兒，像是魚目混珠般的讓麻吉混在布偶堆裡，看上去真的一點差別也沒有，好可愛！而這麼多布娃娃，其實全都是麻吉的玩具，加上麻吉對於玩偶特別的熱愛，有時候家裡即使出現一些不是要給麻吉的布偶，麻吉也會擅自把娃娃咬到玩偶堆裡當自己的戰利品，然後滿足的在娃娃堆裡睡著。

麻吉與
DUFFY

因為我非常非常喜歡 DUFFY，平常也會有蒐集 DUFFY 周邊商品的習慣，舉凡包包、娃娃都一定要蒐藏，加上我的朋友們知道我喜歡 DUFFY，只要有看到相關的東西也都會買來送我當作禮物，其中有一個就是比人還要大的 DUFFY 玩偶，某日心血來潮，我就把家中所有 DUFFY 的玩偶都集中在一起想要拍個照留念，沒想到在拍照的當下，才赫然發現麻吉藏在裡面！完全都沒有發現，也毫無違和感，真的是萌翻全場的人了！

愛不釋手的
新朋友

我常會買許多小玩偶當禮物送給麻吉玩，特別是懷孕的時候怕他覺得自己被遺忘，所以替妹妹送了一個娃娃給麻吉。還有一次送了他一個小兔子布偶，沒想到麻吉特愛這隻小兔子，就這樣跟小兔子玩了一整天，因為麻吉脖子上有一顆小鈴鐺，所以當麻吉咬著小兔子玩偶在家奔跑時，我們都會一直聽到鈴鈴叫的聲音，感覺得出來他非常非常的開心。過了一陣子後，忽然發現麻吉的鈴鐺聲消失了，原本還擔心他不知道發生什麼事情，原來他玩得太累，可是又不想放開小兔子，所以就這樣咬著玩偶在沙發上睡著了！重點是不管我們怎麼搖他叫他，他都沒有醒來，當下真覺得他像個小睡美人啊！

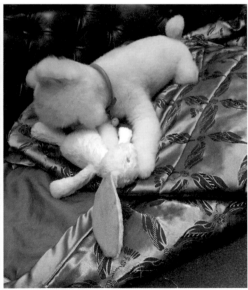

麻吉的
夢幻玩偶床

還記得小時候，看童話故事時，每個主人公的床邊都有放了很多娃娃，很夢幻的那樣滿滿都是玩偶，後來在幫麻吉布置他的床時，就忍不住幫他放上了很多布娃娃；而麻吉在睡覺的時候，有些特別的小習慣，他很喜歡睡在棉被堆之中，而且在睡前會先把這些棉被、毛巾與毯子抓呀抓的，鋪成他想要的樣子後，他才會欣然的躺上去睡，有時候真會不禁想著麻吉到底是人還是狗？

麻吉的
特殊睡癖

麻吉準備睡覺的時候，都會經歷一段很長的前置作業時間，而這段時間到底要做什麼呢？麻吉首先會先選一個定位，看今天是要跟心愛的娃娃們一起睡呢？還是自己一個人享受大床？接著，再手口並用的將床上的棉被整理成自己覺得最舒適的角度後，才會安心的躺上去，有時候麻吉很喜歡鑽到棉被裡，讓自己被團團包圍的感覺，看起來相當惹人憐愛。

麻吉
狀況劇 1

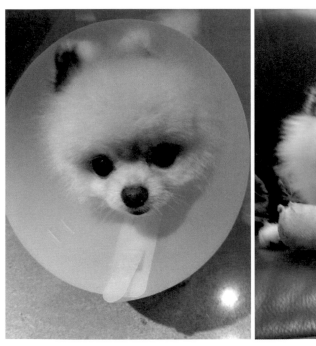

骨折了好心疼——

從小，家裡就一直有著許多毛小孩的陪伴，也因為這樣的關係，對狗狗們的照顧上比較有經驗，自從麻吉來到我們家之後，幾乎沒有讓他受過什麼重大的傷害，正在慶幸之餘，沒想到意外就這麼發生了。

有一天，麻吉正在沙發上休息，聽到我們回家的聲音，一時太過興奮，從沙發上一躍而下，準備衝到門口來迎接我們，殊不知這一跳，脆弱的關節沒能承受這突如其來的衝撞，落地的那一刻開始，麻吉便發出淒厲的慘叫與哀嚎，當時真的把我嚇壞了！著急的檢查他身上哪裡受傷，卻怎麼也看不出個端倪，只好趕緊帶他去給獸醫檢查。經過醫師診斷，確定麻吉是前腳骨折，因為高度跟落下的力道都太強烈，受傷的關節處必須得打上石膏才行，因此麻吉就度過了一段裹石膏的跛腳生活，這段日子以來真的令人心疼極了……，為了避免再發生這種意外，後來無論是麻吉的床也好、沙發也好，我們都準備了小樓梯，讓麻吉不需要再跳上跳下了。

麻吉
狀況劇 2

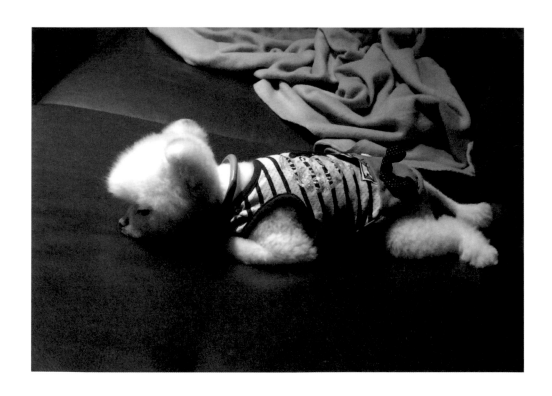

厭食嘔吐——

由於麻吉的飲食習慣很差，胃口也常令人難以捉摸，時常不
是餓到吐就是飽到吐，所以肚子餓的時間也比較不固定，加
上有時候會帶麻吉出去工作或者散步，擔心他會突然肚子餓
卻沒東西吃，所以我們 24 小時都要隨身攜帶著食物，只要一
餓的話就讓他補充小點心，雖然一天是正常的三餐，但時間
實在太不固定，真的非常擔心麻吉的腸胃會餓壞。

一起工作一起玩！

對我來說，家庭與工作都在我生命中占有相當重要的份量，在家裡，我是妹妹與麻吉的好媽媽、先生的好太太、媽咪的好女兒、姊姊的好妹妹；工作時，我會投入 120 分的專注去完成所有的指令，而我也常常將麻吉帶在身邊一起工作，有他的陪伴，工作也是愉快的享受！

麻吉通告
初體驗

雜誌拍攝──

有的時候，工作一忙起來，就會有很長時間見不到家人，特別是麻吉這個黏人又需要被照顧的毛孩子，因此在他來我們家沒多久後，我就會開始帶著麻吉一起到工作現場（一種經紀人二號的概念）。一開始，麻吉總在一旁專注的看著我工作，偶爾等累了，就拿我的衣服來當棉被睡上香甜的一覺，沒想到就這樣跟了幾次，突然獲得了微風集團廖曉喬總監的賞識，發了麻吉的第一場通告！

Breeze

*Twinkling &
*Sparkling
New Year's
Party

微風松高
SONG GAO

璀璨星光跨年派對
2014/12/26(Fri) ～
2015/1/18(Sun)

微風代言人 昆凌・麻吉

微風廣場 2015.01.15-01.28 封面拍攝——

廖總監當時見了可愛的麻吉幾次，且十分得她的緣，加上麻吉在我的工作現場總是表現得像個人一樣，不像其他的寵物會亂吼亂叫，真的很像一位監工，比誰都還要更專注的看著我工作，因此，廖總監便安排讓麻吉與我一起搭擋拍攝封面。

第一次搭檔變成了我最愛的麻吉，拍攝時的心情真的好開心，但同時也擔憂著不曉得麻吉是不是可以負荷這樣長時間的拍攝，而且由於他平常已經習慣穿衣服，一度要他全裸上陣，讓麻吉感到焦慮不已，不過還好除此之外配合度超高，工作態度實在很專業，值得稱讚（笑）。

而且如果大家有仔細看每張照片，應該會發現麻吉脖子上常常戴著這個藍色項圈與鈴鐺，這可是他的招牌配件喔！

微風廣場 2015-2016 跨年封面拍攝——

這場拍攝是微風廣場 2015-2016 的跨年封面，當時廖總監想
要營造出公主與獅子的感覺，因此就想讓麻吉扮演獅子的角
色與我一同拍攝，但由於這次的拍攝又得要全裸上陣，麻吉
又花了好長的一段時間才抓到感覺，說來也奇怪，只要我就
定位，麻吉就會自動走到我身邊乖乖坐下，並且展現出不同
於平日的氣勢，但也許是因為沒有穿衣服的緣故，常常拍一
拍就不小心流露出無奈的神情，令人心疼又好笑。

Breeze Center

2015.12.26(Sat.)~2016.1.13(Wed.)　　　　　　擁抱2016

Embracing 2016

微風代言人 昆凌&麻吉

這次的拍攝是由蘇益良攝影大師與我們在歐洲舉辦婚禮時的
指定設計師一同聯手完成，整體造型相當浪漫有氣質，蘇益
良攝影師的功力實在令人欽佩！

微風廣場 2016.01.14-02.14 情人節封面拍攝——

這次的造型是蝴蝶結風，而且也許是因為麻吉的表現太好了，
沒想到竟然搶了我的風頭，占據了雜誌的另外一頁封面！不
過由於這場拍攝又是全裸，麻吉的表情真的是無奈到了極點，
加上髮流的關係，呈現出一個很有趣的畫面。

B・・ze

微風松高
SONG GAO

My
Sweetheart
2016.1.14(Thurs.)~2016.2.14(Sun.)

微風代言人 | 昆凌&麻吉

另外由麻吉獨當一面的封面，麻吉化身為貴氣十足的毛孩兒，
全裸加上飾品的重量，麻吉的表情比過往來得複雜許多，而
且拍攝過程中常常會拍出三點全露的照片，感覺太害羞了，
所以後來還是選了張讓他站著的可愛模樣。

香港雜誌拍攝——

在 2015 年夏天時，我們曾幫香港雜誌進行拍攝，這次麻吉也同樣有入鏡，不過又因為沒有穿衣服的緣故，一直露出「嗚嗚，我又裸體了，好丟臉哦！」的無奈神情（但只要開始拍攝，麻吉仍然會乖乖的走到我旁邊坐下，雖然表情還是一樣無奈），這時候就很考驗我們大家的耐力了，不穿衣服的麻吉總是不看鏡頭，一旁的工作人員花了好長的時間才安撫好麻吉的情緒，直到他露出愉悅的神情配合拍攝為止。

其實在拍攝這樣的雜誌過程中，我常會擔心麻吉會不會感到疲憊，但因為我們工作團隊的人都非常有愛心，願意陪著我一起照顧麻吉，如果麻吉有表現出疲倦或不適，一定會讓他休息，把他伺候得像大爺一樣直到他開心為止，呵呵。

麻吉和
他的好朋友們

麻吉真的是很幸福的毛小孩，平時有許多長輩的疼愛，更擁有一群好朋友，常常一同玩耍，好不寂寞。我的化妝師最常將 SOFY 帶在身邊一起工作，但因為他才快 2 歲左右，性情還不是很穩定，常常得要等他巡視完攝影棚，熟悉環境後才會安靜片刻，否則看到陌生人就會瘋狂大叫，個性超級活潑！

還記得有一次我們到陽明山上進行拍攝工作，當天化妝師把她養的四隻狗狗全都帶來現場，分別叫 DUFFY、OPi、Nify 與 SOFY，再加上麻吉總共就有五隻狗狗，陣仗大得像個偶像團體一樣，現場好熱鬧。

這群毛孩子聚在一塊時，現場總是超歡樂，連我的經紀人也忍不住對著可愛的他們拍照紀念。這張照片他們在搶零食的時候所拍攝的，白底黑點是 OPi、黑底白點是 SOFY、粉紅是 Nify，而僅有背影出現的則是 DUFFY；DUFFY 反應超靈敏，當其他狗狗還在搶零食時，他發現另外一個人手上也同樣有零食，就馬上轉過去討食，當下好想幫他配音：「一群傻孩子！哥不用跟你們搶就有得吃了！」

OPi 非常小一隻，雖然光是看照片的話可能會覺得他很大，但其實一切都是誤會，只是因為 OPi 的造型像蒲公英一樣「頭大身體小」，實際上，他可是比麻吉還要來得嬌小呢！今年快要 7 歲的他，非常文靜乖巧，當其他毛孩吵吵鬧鬧的時候，他總是在一旁乖乖的冷眼旁觀，也常常會躲在化妝師身旁或者包包內，超級可愛的。

這隻叫 DUFFY，DUFFY 是化妝師朋友養的狗的小 Baby，在他小的時候，我很想要養他，可是當時我有了妹妹，經過一段時間觀察後發現 DUFFY 常常會大叫，怕吵到妹妹，可能現階段不太適合養，所以又讓化妝師帶回去，真的好捨不得。

DUFFY 是一隻非常愛吃的貴賓狗，也是所有毛孩中體型最大的一隻狗狗，雖然才只有 6 個月大，但仍在持續長大中，他最特別的地方，是他會學人類一樣站著走路，而且腳步非常穩健、持續時間也相當長，超級厲害！仔細看照片，會發現 DUFFY 的腳是白色的，可能就是因為這樣吧，大家常常會不小心踩到 DUFFY 的腳，他就會很崩潰的哀嚎尖叫；但又有幾次，我們發現即使只是輕輕的碰到他的腳、並沒有真的踩到他，他仍然會崩潰大叫，朋友都戲稱他演技很好，呵呵。

而六歲的 SOFY 前腳有一點小毛病，坐著的時候，腳的肌肉就會變得緊繃，經過醫生檢查後，發現骨骼不太好，有點 O 型腿的症狀，不過對生活不會造成太大的問題，這讓我們鬆了一口氣。

偷偷跟大家說，有一天我們在拍女人我最大雜誌和樂天網站的專訪活動時，化妝師把 SOFY 一起帶來現場玩，雖然當天 Nify 也有來，可是 SOFY 就不像 Nify 一樣四處巡視攝影棚、跑來跑去的，反而是很乖的在一旁休息，但可別以為 SOFY 看起來斯斯文文的，感覺好像很好欺負，每次當 SOFY 跟 Nify 打架時，Nify 都會輸，而且 SOFY 非常厲害，會攻擊 Nify 的脖子，伸手非常矯健，是個專業的打架高手。

帶麻吉
去訪友

因為是松鼠博美的關係，麻吉的體型一直都是這樣小小的，長不大，每次看見他，內心都會忍不住想「怎麼這麼可愛呢？」

這天，我們去見了 2015 米蘭時裝周認識的設計師，在等待的過程中，麻吉原本還很開心的四處張望，但也許是因為有點點小感冒，臉看起來比平常還要憔悴，沒多久後就跑去躲在我的外套裡，真是心疼。

工作
番外篇

化妝師的 partner 玉珊是個非常厲害的訓獸
師，在現場所有的狗狗們無一不被訓練得服
服貼貼（當然是要玉珊本人在的時候啦），
像以前 DUFFY 非常的愛四處亂跑，又特別喜
歡大叫，被玉珊訓練過後，現在可是乖得呢！

每一次公司拍攝時，很多部門的同事都會一
同到現場來陪伴我們，這天剛好遇到美宣科
的同事，看麻吉給他抱的時候，好有小鳥依
人的感覺。

麻吉有個可愛的小習慣，當他想要給人抱的時候，他不是直接跳到你身上，而會是像倒車一樣慢慢的用屁股朝向你，並且停在你面前，所以下次如果麻吉這麼對你做，就代表他願意讓你抱囉。

我的前經紀人很喜歡偷拍麻吉，因為麻吉是隻會把喜怒哀樂
情緒表現在臉上的狗狗，而這張照片就是他平常最常露出的
表情——不屑的臉。

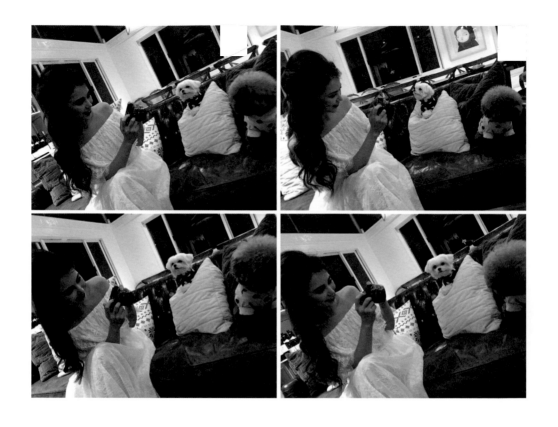

不管在家或是工作空檔，我也常常拿著相機記錄和麻吉在一起的時時刻刻，每當翻看舊照片時，都會忍不住想著「還好當時有拍」，因為我真的想好好牢記屬於我們的每一段回憶！

放假囉，蹓躂蹓躂去

雖然我們都很忙，但一到假日還是會想帶麻吉到處走走；雖
然麻吉一直覺得自己是人，不習慣常常在戶外草地上奔馳玩
樂，但我們依舊帶著他到處認識新朋友！

麻吉一起
過中秋

還記得去年中秋節的時候，約了好多朋友來家裡玩，因為麻吉也是很重要的家人，所以那天他也跟著我們一起烤肉、一起玩。當時烤肉烤到一半，忽然看到網路上有很多照片，大家把柚子皮剝下來做成柚子帽後，戴在狗狗的頭上，我們手邊也有柚子，就想要做一頂柚子帽給麻吉戴戴看！剛戴上去的時候，原以為麻吉可能會掙扎、把帽子甩掉，或者開心的到處跑，但沒想到麻吉竟然就像是木頭人一樣定在那兒動也不動，模樣看起來真的超級可愛。試了幾次，只要麻吉戴上帽就不動、拿掉後就會動，我們猜想麻吉可能覺得戴帽子不太舒服，就趕快拿掉了，雖然很擔心他不開心，不過説實話，戴上柚子帽的麻吉，真是可愛極了呢！

海邊戲水

最近我們常會帶麻吉出去走走，像是三芝那邊的白沙灣，麻吉非常喜歡在沙灘上奔跑、挖沙。原本以為他會喜歡玩水，但沒想到每當浪一衝上來，麻吉就立刻逃跑，不斷的跟浪玩追逐遊戲，超可愛的。

遇見草泥馬

之前有一次，我們帶麻吉去三芝草泥馬咖啡廳，第一次看見草泥馬時，麻吉就非常興奮想要跟他當朋友，可是草泥馬一點也不領情，只覺得麻吉很煩，一直擺出無奈的表情看著逗弄他的麻吉！後來我們就用紅蘿蔔引誘他，想讓他更靠近麻吉一點，沒想到他吃完紅蘿蔔後就立刻甩頭就走，完全不想要理會麻吉，這讓平時擺慣高姿態的麻吉超沮喪。

公園散散步

如果有時間，我們也會帶麻吉去河濱公園玩，那裡相當漂亮，
而且還有一個狗狗園區，所以麻吉常常在那邊玩耍。不過因
為麻吉總是把自己當作是人，所以不願意走草皮，每當有狗
狗想要靠近他、跟他玩時，他就會生氣，有時候我們都想，
如果麻吉是人的話，大概就是那種超難相處的人吧？哈哈。

搭車的小怪癖——
要駕駛座的人抱抱

麻吉每次外出搭車時，都會有個很奇怪的怪癖，那就是一定要駕駛座的人抱他！所以每次一上車後，麻吉就會大吵大鬧的要跳到駕駛座讓人抱抱他、哄哄他，直到他開心為止，他才會開心的換人抱，真不知道這種奇怪的習慣是從哪來的呢！

外出配備
麻吉推車

為了讓麻吉出門時方便一些，我們特別準備了一台非常便利的麻吉專用推車，這樣不管是到餐廳或者郊外，麻吉都可以舒適的躺在自己的小車車裡。車子的外型是很樸實的黑底圓點點風，跟麻吉黑耳朵可以相呼應，裡頭也會放一些麻吉的備品，看上去真的很像個小嬰兒！

麻吉
咖啡廳

我們最近為麻吉開了一間「麻吉咖啡廳」，整個咖啡廳的裝潢、餐具到餐點都結合了跟麻吉有關的元素，特別像是鬆餅、咖啡等都有很多精緻的小巧思在裡頭，可能因為是以麻吉為名的店吧，總覺得他在裡面好像特別自在，我們也就常常帶他過來，幫他拍好多可愛的照片、讓他當當一日店長，在這邊他受歡迎的程度好像快超越馬麻了呢，大家有空的話歡迎來店裡找我跟麻吉玩喔！

我喜歡安靜窩在馬麻的身邊，
陪她做任何事，分享她的心情，
也讓她知道我無時無刻都在想她。

來自情感的溫暖是什麼都比不上的，
因為馬麻對我的呵護與照顧，
讓我覺得就算世界那麼大，有趣的事情那麼多，
但我就是喜歡賴著她、黏著不放。

「馬麻，說好了，永遠都不能放開我喔！」

謝謝馬麻這麼愛我，
我真的覺得好幸福喔！

馬麻：
「有一些幸運的狗狗跟麻吉一樣，被人類的家人們照顧、疼愛著；
但也有一些不幸的狗狗必須要辛苦地在外面流浪，
有時候還會遇到壞人呢，我們該怎麼幫他們？」

麻吉：
「遇到壞人？
聽起來好可怕，這怎麼可以！」

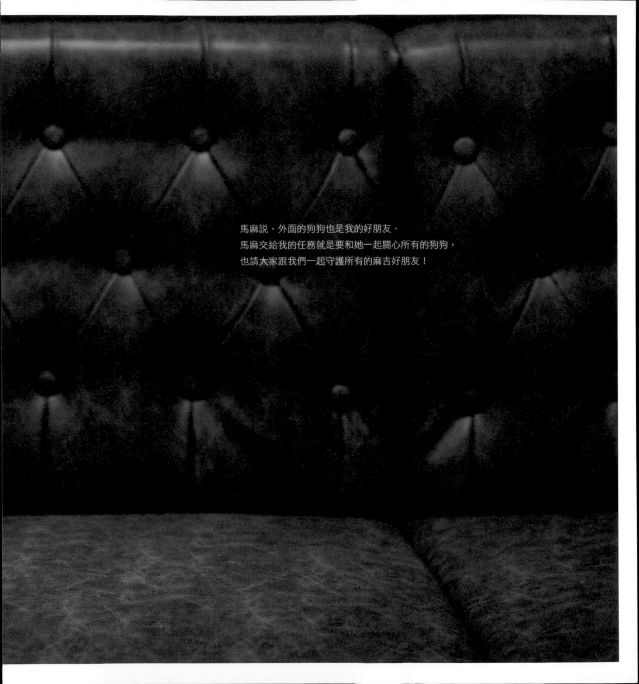

馬麻說，外面的狗狗也是我的好朋友，
馬麻交給我的任務就是要和她一起關心所有的狗狗，
也請大家跟我們一起守護所有的麻吉好朋友！

2

麻吉好朋友：
我們要永遠在一起！

每當看見虐待動物的新聞、撲殺流浪狗的新聞都讓人心情很
沮喪無力，這麼可愛的小動物們就像人類的小孩子一樣，需
要我們的關心和照顧，一旦養了牠們就是許下承諾：「不離
不棄、負責到底！」

這一天，我和麻吉一起來到了桃園大溪狗腳印
幸福聯盟，想了解一下收容中心的運作方式、
想看看那些被收留的流浪狗們是不是過得好，
代替大家問了好多關於流浪動物的問題；一個
下午的時間，認識了一群無私付出的人、訪問
了專業的醫師和志工、也看到無數令人動容的
畫面，我會永遠記得這一天……

這個下午，
我們之間傳遞著一股最溫暖的善意，
麻吉和我、志工和流浪狗們，
彼此都是同一宇宙裡的生命共同體。

從小我就特別喜歡狗狗，
我知道飼養寵物就是一個責任，
牠陪你走一段路，
你卻可能是牠的一輩子！

飼養前，你真的想清楚了嗎？

養寵物前需要思考哪些事？

養寵物絕對不是件輕鬆的事，最怕聽到有人一時興起養了小動物，不久後卻嫌麻煩不想養，別忘了寵物也是一條寶貴的生命，牠陪伴你帶給你歡樂，也需要你同樣地陪伴與愛護喔！下面幾個問題，請在養寵物前仔細想一想。

1． 你真的喜歡動物嗎？養寵物前有沒有做好充足的功課？

2． 每天的作息時間和工作時間固定嗎？

3． 下班之後有足夠的時間和體力與寵物相處互動嗎？

4． 當寵物有臨時狀況需要請假，能做到嗎？

5． 當自己無法照顧寵物時，有親朋好友可以幫忙嗎？

6． 會因為工作因素時常出遠門嗎？

7． 當寵物的生活常規沒辦法建立時，願意花時間、金錢去上課訓練嗎？

8． 當寵物破壞居家環境或是家具時，有耐心愛心可以包容教導嗎？

9． 同住的家人或室友也可以接受飼養寵物嗎？

10． 住家環境可以飼養寵物嗎？（例如租屋限制或是鄰居等等）

11． 每個月將有至少 2000 元左右的額外開銷，經濟能力可負擔嗎？

12． 未來 15 年內你做的決定都必須考量到你的寵物，你能夠對牠不離不棄嗎？

如何挑選一隻適合的寵物？

養貓、養狗很不同！你清楚知道自己比較喜歡和人互動頻繁親密的狗狗，還是獨立性較高的貓咪嗎？不論你是貓派還是犬派都要衡量以下的條件，再來決定自己適合飼養的寵物。

1. 喜歡狗狗還是貓咪？知道牠們生活習性與性情差異嗎？

2. 自己對於飼養寵物的期許是什麼？想要和牠一起出外踏青奔跑，還是在家互相陪伴為主？

3. 居家空間有多大？適合飼養多大體型的動物？

4. 若想飼養大型寵物，需要的空間和花費都會隨之增加，要先衡量自己的經濟能力。

 購買還是領養？

養寵物前先中立地分析購買和領養的優劣之處，寵物是同伴動物，並非用來炫耀的物品或工具，如何找到適合自己個性和生活習性及居家環境的寵物，比飼養什麼品種的動物來得更重要！

1・**購買的優點**

銀貨兩訖就可以取得品種動物，省時省事。

2・**購買的缺點**

除非親眼所見的優良犬舍、貓舍，否則一般繁殖業者會讓繁殖母犬、母貓在極差的環境下生產和飼養，造成小動物的基因和健康上都有缺陷。

3・**領養的優點**

不需額外花費，被領養的動物也可以重獲新生。

4・**領養的缺點**

要找到心中理想的寵物費時費力，也要花較多時間取得送養人的信任。

所謂的動物繁殖場是如何運作的？

我們時常駐足寵物店櫥窗，看著各種小動物或醒或睡，在我們驚嘆「好萌！好可愛！」的同時，卻可能忽略了牠們背後隱藏的殘酷故事。

這些動物大多是由不道德的繁殖場或是飼養場供給的，我們以為這些小貓小狗可能來自某個空曠舒適的地方，奔跑、玩樂、搖動尾巴……但是事實可能與我們想像的相差甚遠。畢竟對繁殖場而言，獲取利益是他們最主要的目標，而降低成本可以最有效率地達到這個目標，這表示著，繁殖場和畜牧業、集約農場的養殖情形與手法相當類似，或者可能更糟。

在繁殖場中用來繁殖下一代的貓媽媽、狗媽媽，如果幸運的話會被關在一個鐵籠子裡，牠們必須在這個小盒子中進行所有的活動，包括吃東西和排便，而這個籠子甚至小到牠們生出了寶寶，還得要踩在寶寶身上才挪得出活動的空間。

生下來的寶寶在還沒有適當地斷奶之前就會被人類抱走，被抱走的小貓小狗因為還沒學會如何吃東西，可能會死於挨餓；而還在哺乳時期的媽媽，卻馬上又被強迫受孕，緊接著下一個生殖週期；牠們被當作是小貓小狗的生產機器，除了一直持續懷孕之外，每六個月還要經歷一次禁閉且不衛生的生活，牠們的乳頭經過長期不斷的懷孕與哺乳，最後通常會長出非常疼痛的乳腺腫瘤，而這整個過程中，往往沒有獸醫的照顧，也沒有恰當的飲食，使得這些貓媽媽、狗媽媽變得很容易生病，很容易耗盡體力。

在完全缺乏運動、精神上受刺激、情感被剝奪的狀況下，常常使得這些媽媽發瘋，並且做出重複性的不正常行為！更可怕的是，在牠們 5 到 8 歲無法再對繁殖場有任何貢獻的時候，就會被殺掉，而且很諷刺地，那可能是牠們這輩子第一次走出像監獄般的籠子……而牠們的寶寶命運也很悲慘，這些小狗會被關到鐵籠子裡、失去與人類接觸的機會，因而導致社交能力不足，即使日後終於找到了一個家，卻很可能因為無法與人類共同生活，終至被丟棄的命運。

為了維持低成本的運作，這些小狗不會有獸醫，生病與受傷的會被殺掉或是被賣到研究中心；而繁殖場餵牠們的飲食也都是最便宜、最低品質，甚至常常是帶著蛆的腐敗食物，這些食物對小狗們而言僅足夠維持生命而已，牠們往往因為攝取的營養不足，而招來牙齒壞掉或牙周病等問題；另外，繁殖場也因為近親交配的關係導致許多基因疾病，讓狗狗常得受身體或是心理上的折磨，痛苦不已！

生命，應該是平等的。

 破解品種迷思

養動物的心態就應該像養小孩一樣，每隻狗狗都是可愛的，你把牠帶回家，就要照顧牠一輩子，真的不需要為了虛榮心而堅持飼養純種的狗。專家說，養米克斯有很多優點，以下列出給大家參考：

1. 因為不是純種，加上在地化的基因，米克斯對環境的適應力更強。

2. 基因多樣化，比較不會有遺傳性疾病。

3. 聰明度平均高於純種狗狗。

4. 比較沒有體臭問題。

5. 部份米克斯狗狗比較顧家，且對主人的信賴度也較高。

6. 米克斯狗狗的平均壽命比純種狗狗長。

提到純種狗狗，就讓人聯想到非法的私人繁殖場，究竟要如何制止這樣殘忍的產業呢？專家說答案很簡單，那就是「不要從這些地方購買你未來的同伴動物！」

這回到了一開始的問題，在養寵物之前必須要考慮到的是你有沒有時間和條件去飼養、照顧牠們？特別是狗狗有豐富的情感生活，牠們需要很多的愛、關注還有身體上的照顧，最基本的就是固定的散步時間和提供狗狗健康均衡的飲食。

如果那些條件都符合了，建議你可以到當地的收容所或是動物救援團體去尋找有緣的狗狗，收養牠，給彼此一次幸福的機會。

收容所如何處理流浪動物？
什麼狀況下牠們會被安樂死？

收容所只對流浪動物提供「收容」的基本照顧，且大部分的收容所缺乏足夠的動物醫護人力（獸醫、動物照護員、義工）、能力（藥品、技術），也缺乏醫療、術後照顧的適當環境，因此進入收容所的動物很難獲得即時的醫療照護，輕者任其疼痛（頂多給消炎藥物）、傷重者則任其死亡或施予緊急安樂死。

醫療、麻醉或手術後都需要單獨安置及乾燥溫暖的環境，才能確保牠們不被其他動物騷擾攻擊，並保持傷口乾燥避免發炎加重病情，但多數的收容所空間稠密，沒有能力提供隔離籠舍；而有少數收容所會在收容期間對重大傷病動物施予緊急安樂死，但對於哪種程度才需要緊急安樂死的認知不同、定義不明、缺乏討論，不同收容所甚至同一收容所不同獸醫，都可能會因經驗及專業不同而有不同的判斷。

那麼，領養流浪動物需要注意哪些事？

流浪動物因為集中收容的關係容易有傳染病，在領養後最好
先帶往動物醫院做詳細的健康檢查，若健康無虞才進行疫苗
注射；如果家中有其他寵物，建議先在動物醫院隔離，避免
在疾病的潛伏期內將病菌傳染給家中原有的寵物。

另外，大多數主人對流浪動物過去的成長歷程是完全未知的，
有些曾經受到虐待的動物會對人類產生極度不信任的狀況，
甚至可能因為流浪期間被欺負、驅趕，而對人類有排斥心態，
面對這樣的狗狗一定要有更多的愛心與耐心，牠們的行為問
題最終都是可以改善的。

在路邊看到流浪狗狗,該如何處理?

如果在路邊遇到流浪狗,可以簡單地給牠一頓飯或是一碗水,牠們的飼料在便利商店都可以買到,很方便取得。

如果想帶回家飼養,不要一開始就貿然地接近牠,要先觀察一下狗狗的個性是否對人友善,而這通常可以從牠的尾巴和態度得知,如果感覺狗狗的態度是友善的,可以先蹲下身、伸出手背讓狗狗主動靠近嗅聞,但如果狗狗沒有主動靠近你,也請不要逼近或強行觸摸牠,要耐心地以漸進的方式和牠拉近距離,等牠釋出善意後再看看能否上牽繩帶回,且帶回家之前最好先去附近的動物醫院掃晶片,確認牠不是別人家走失的狗狗。

如果無法帶回家養,就讓狗狗繼續在原地自在生活吧,但別忘了給些食物和水,讓牠有好的營養和體力可以面對街頭流浪的生活。

感謝熱情、熱心的動保團體，
因為有他們的付出，
讓流浪動物得到更好的照顧。

最後，提醒大家，如果有想要領養流浪動物，可以跟以下單位洽詢，特別是一些動保團體會不定期舉辦送養會或是線上送養活動，都是領養流浪狗的好時機！

1 · 全台各地的公立收容所

2 · 政府立案的動保團體：
  例如狗腳印幸福聯盟、台灣同伴動物扶助協會、新北市流浪動物保護協會、社團法人台灣愛狗人協會。

3 · 私人救援團體（Facebook）：
  拉拉隊（Labrador Retriever team）、獨立志工送養專頁、翻滾吧狗骨頭之認養園地、林雨潔。

4 · 網路送養平台：
  流浪動物花園、台灣認養地圖、台灣動物緊急救援小組。

我想要許願：我和馬麻、把拔永遠不分開；
我想要許願：世界和平，不再有人欺負弱小；
我想要許願：所有流浪動物都找到一個家；
我想要許願：每天都是我們獨特的紀念日。

人類世界的愛是特別美好的事，
希望所有狗狗都能找到疼愛自己的人。

我們其實很簡單，
只想人類可以好好陪我們、愛我們，
給我們一個溫暖的家！

凱特文化 星生活 51

我的好麻吉，讓我守護你！

作　　　者　昆凌Hannah
發　行　人　陳韋竹
總　編　輯　嚴玉鳳
企 劃 選 書　董秉哲
主　　　編　董秉哲
責 任 編 輯　alice W
採　　　訪　陳怡均
人物情境攝影　郭政彰
麻吉生活攝影　昆凌
妝 髮 設 計　Sachi
造 型 設 計　昆凌
封 面 設 計　萬亞雯
版 面 構 成　萬亞雯
行 銷 企 畫　黃伊蘭、李佩紋
印　　　刷　通南彩色印刷事業有限公司
法 律 顧 問　志律法律事務所 吳志勇律師

感　　　謝　台灣狗腳印幸福聯盟

出　　　版　凱特文化創意股份有限公司
地　　　址　新北市236土城區明德路二段149號2樓
電　　　話　02-2263-3878
傳　　　真　02-2236-3845
劃 撥 帳 號　50026207凱特文化創意股份有限公司
讀 者 信 箱　katebook2007@gmail.com
部 落 格　blog.pixnet.net/katebook
經　　　銷　大和書報圖書股份有限公司
地　　　址　新北市248新莊區五工五路2號
電　　　話　02-8990-2588
傳　　　真　02-2299-1658
初　　　版　2016年05月
I　S　B　N　978-986-92922-1-4
定　　　價　新台幣320元

國家圖書館出版品預行編目資料｜我的好麻吉，讓我守護你！／昆凌 .
一初版 .─新北市：凱特文化，2016.05　160面；17.5×18公分 .
（星生活；51）ISBN 978-986-92922-1-4（平裝）
1.犬　2.通俗作品　437.35　　105003697